BEI GRIN MACHT SICH IHR WISSEN BEZAHLT

- Wir veröffentlichen Ihre Hausarbeit, Bachelor- und Masterarbeit

- Ihr eigenes eBook und Buch - weltweit in allen wichtigen Shops

- Verdienen Sie an jedem Verkauf

Jetzt bei www.GRIN.com hochladen und kostenlos publizieren

Bibliografische Information der Deutschen Nationalbibliothek:

Die Deutsche Bibliothek verzeichnet diese Publikation in der Deutschen National-
bibliografie; detaillierte bibliografische Daten sind im Internet über http://dnb.d-
nb.de/ abrufbar.

Impressum:

Copyright © 2003 GRIN Verlag, Open Publishing GmbH
Druck und Bindung: Books on Demand GmbH, Norderstedt Germany
ISBN: 978-3-656-90616-2

Dieses Buch bei GRIN:

http://www.grin.com/de/e-book/288730/verguetung-im-nachtragsmanagement-
ansprueche-bei-behinderung-nach-6

Dennis Bausch

Vergütung im Nachtragsmanagement. Ansprüche bei Behinderung nach § 6 VOB/B

GRIN Verlag

Vergütung im Nachtragsmanagement. Ansprüche bei Behinderung nach § 6 VOB/B

Vorgelegt von Dipl.-Ing. Dennis Bausch

<u>Inhalt</u>

1.   Ansprüche bei Behinderung nach § 6 VOB/B 2

    1.1.   Anzeigepflicht des Auftragnehmers nach § 6 Nr. 1 VOB/B 4

        a) Voraussetzung der Behinderung und Anzeigepflicht des AN 4

        aa) Musterbrief: Behinderungsanzeige gemäß § 6 Nr. 1 VOB/B 7

        b) Offenkundigkeit der Behinderung 8

    1.2.   Tatbestände zur Verlängerung der Ausführungsfristen nach § 6 Nr. 2
    VOB/B 9

        a) Umstände aus dem Risikobereich des Auftraggebers 9

        b) Streik und Aussperrung 12

        c) Höhere Gewalt oder andere unabwendbare Umstände für den
        Auftragnehmer 12

        d) Sonderregelung: Witterungseinflüsse..13

        e) Bauvertragsklauseln...14

    1.3.   Pflichten des Auftragnehmers nach § 6 Nr. 3 VOB/B 14

        a) Handlungspflicht des Auftragnehmers während der Behinderung.............15

        b) Wegfall der Behinderung und unverzügliche Arbeitsaufnahme 16

    1.4.   Verlängerung der Ausführungsfristen nach § 6 Nr. 4 VOB/B 16

        a) Berechnung der Fristverlängerung 16

        b) Vereinbarung der Fristverlängerung...17

    1.5   Schadensersatz nach § 6 Nr. 6 VOB/B 18

        a) Grundsätzliches zum § 6 Nr. 6 VOB/B 18

        b) Voraussetzung für den Schadensersatzanspruch 20

        c) Bestimmung des Schadensersatzes...21

    1.6   Rechte bei längerer Unterbrechung nach § 6 Nr. 5 VOB/B und § 6 Nr. 7
    VOB/B 24

        a) Vorläufige Abrechnung bei einer Unterbrechung von längerer Dauer (§ 6
        Nr. 5 VOB/B)...24

        b) Vorzeitige Vertragskündigung bei einer länger als drei Monate dauernden
        Unterbrechung (§ 6 Nr. 7 VOB/B) 25

Literaturverzeichnis (inklusive weiterführender Literatur) 27

Auszüge aus dem Bürgerlichen Gesetzbuch (BGB)..29

1. Ansprüche bei Behinderung nach § 6 VOB/B

Die vorliegende Arbeit behandelt die Ansprüche bei Behinderung nach § 6 VOB/B und geht auf verschiedene Aspekte, wie zum Beispiel die Anzeigepflicht oder die Pflichten des Auftragnehmers nach § 6 Nr. 3 VOB/B ein.

Die VOB enthält verschiedene Sonderregelungen zur Bauzeit gegenüber den gesetzlichen Regelungen des § 636 BGB. Die VOB/B befasst sich zunächst im § 5 VOB/B mit den Ausführungsfristen, dann im § 6 VOB/B mit den Behinderungen und den Unterbrechungen der Ausführung und schließlich im § 11 VOB/B mit der Vertragsstrafe für den Fall der nicht fristgerechten Leistungserfüllung.

Dieses Kapitel beschäftigt sich ausschließlich mit der Behinderung und Unterbrechung der Ausführung gemäß § 6 VOB/B.

Der Auftraggeber (AG) hat neben seinen Hauptpflichten, wie beispielsweise die Abnahme der Leistung und die Zahlung der Vergütung, auch die so genannten Mitwirkungspflichten zu erfüllen. Aus dem bauvertraglichen Verhältnis gehen zahlreiche solcher Nebenpflichten hervor. Vernachlässigt der AG seine Mitwirkungspflichten oder entstehen solche Vernachlässigungen durch äußere Ereignisse, die weder vom AG noch vom Auftragnehmer (AN) zu verantworten sind, regelt dies der § 6 VOB/B. Entscheidend ist jedoch, dass der § 6 VOB/B grundsätzlich nur Ereignisse behandelt, die bei Vertragsabschluss für den AN weder bekannt noch vorhersehbar waren.

Die Praxis zeigt, dass während des Baugeschehens immer wieder Hindernisse und Unterbrechungen eintreten, die in den gesetzlichen Bestimmungen des BGB (Werkvertragsrecht) keine Beachtung finden. Derartige Behinderungsumstände können aber sowohl für den AG als auch für den AN sehr kostenintensiv sein und werden deshalb durch den § 6 VOB/B geregelt.

Unter dem Begriff Behinderung versteht man alle Ereignisse, die den vorgesehenen Leistungsablauf in sachlicher, zeitlicher oder räumlicher Hinsicht hemmen oder verzögern.[1] Dazu zählt beispielsweise die

---

[1] Döring in Ingenstau/Korbion

verspätete Vorlage der Baugenehmigung, eine fehlende Prüfstatik, fehlende Vorleistungen anderer Unternehmer oder andere Boden- oder Wasserverhältnisse als beschrieben. Wenn der AG nicht zu einer notwendigen Besprechung erscheint, fällt dies bereits unter den Tatbestand der Behinderung.

Die Unterbrechung ist ein Extremfall der Behinderung und stellt einen Arbeitsstillstand bei der Leistungsdurchführung dar. Die Behinderung kann einerseits zusätzlichen Zeitbedarf, andererseits zusätzliche Kosten verursachen.

Behinderungen, deren Ursache weder beim AN noch beim AG zu suchen sind, stellen zumeist die Fälle der „höheren Gewalt", beispielsweise einen Blitzschlag ins teilfertige Gebäude, dar. Der AG ist für Behinderungen verantwortlich, die z.B. durch fehlende Planunterlagen oder fehlende öffentlich-rechtliche Genehmigungen entstehen.

Darüber hinaus teilt der § 6 VOB/B die Ursachen der Behinderung in drei Gruppen ein. Diese sind die Umstände aus dem Risikobereich des AG, Streik oder Aussperrung und höhere Gewalt oder andere anwendbare Umstände, die zu Lasten des AN gehen. Nicht vom § 6 VOB/B werden die Fälle erfasst, in denen Unmöglichkeit, Unvermögen, Nichterfüllung oder Schlechterfüllung vorliegt. Die vorgenannten Tatbestände haben mit Behinderungen und Unterbrechungen i.S. des § 6 VOB/B nichts gemeinsam und werden auch nicht darin behandelt.

In der Praxis sind Ansprüche wegen Behinderung oder Unterbrechung nur schwer durchsetzbar. Häufig hat der AN bereits große Schwierigkeiten, den Zeitraum der Behinderung nachzuweisen, weil es an der entsprechenden Dokumentation über die behindernden Umstände und vor allem deren Folgen fehlt. Folglich ist es sehr wichtig, bei den Tatbeständen der Behinderung sowie der Unterbrechung eine ordnungsgemäße und vollständige Dokumentation zu führen.

Schließlich ist auch die Darstellung und der Nachweis des entstandenen Schadens schwierig. Der AN muss nämlich den Schaden konkret darlegen und unter Beweis stellen.[2] Allerdings besteht die Möglichkeit einer

---

[2] BGH, BauR 1986, 347

richterlichen Schadensschätzung, wenn greifbare Anhaltspunkte dafür gegeben sind.

1.1. Anzeigepflicht des Auftragnehmers nach Nr. 1 VOB/B   § 6

---

§ 6 Nr. 1 VOB/B (Auszug aus der VOB 2002)

Glaubt sich der Auftragnehmer in der ordnungsgemäßen Ausführung der Leistung behindert, so hat er es dem Auftraggeber unverzüglich schriftlich anzuzeigen. Unterlässt er die Anzeige, so hat er nur dann Anspruch auf Berücksichtigung der hindernden Umstände, wenn dem Auftraggeber offenkundig die Tatsache und deren hindernde Wirkung bekannt waren.

---

a) Voraussetzung der Behinderung und Anzeigepflicht des AN

Der AN muss, und zwar schriftlich, Behinderung anmelden, wenn er sich in seiner ordnungsgemäßen Ausführung der Leistung behindert glaubt. Wenn er die Anzeige unterlässt, erhält er grundsätzlich keine Ansprüche aus dem § 6 VOB/B, es sei denn, dem AG waren die Tatsachen der hindernden Umstände offenkundig und hinreichend bekannt.

Die Bestimmung des § 6 Nr. 1 VOB/B ist keine „Kann-", sondern eine „Muss-" Vorschrift. Die unverzügliche Anzeige der Behinderung ist für den AN verpflichtend. Auch bei der Unterbrechung der Ausführung hat der AN eine Anzeigepflicht, weil diese im Allgemeinen noch schwerwiegendere Folgen hat als eine Behinderung.

Voraussetzung für das Vorhandensein einer Behinderung ist die Tatsache, dass sich der AN in seiner ordnungsgemäßen Ausführung behindert glaubt. Das setzt nicht voraus, dass dies wirklich so ist. Es ist ausreichend für eine Mitteilung der Behinderung gegenüber dem AG, wenn der AN aus subjektiven Gesichtpunkten betrachtet Besorgnisse bei der Ausführung der Leistung hat.

<u>Beispielfall 30:</u>

Der AN erhält vom AG verspätet die Ausführungspläne. Der AN ist im Zweifel darüber, ob er die vorgesehene Bauzeit einhalten kann.

Dieser Sachverhalt rechtfertigt bereits eine Behinderungsanzeige. Es liegt eine begründete Vermutung vor, dass durch die verspätete Planlieferung eine Behinderung entsteht.

Es gehört sogar zu den vertraglichen Nebenpflichten des AN, diese Bedenken mitzuteilen. Dem AG soll mit einer zeitigen Behinderungsanzeige die Möglichkeit gegeben werden, auf etwaige Behinderungen frühzeitig reagieren zu können, um die Behinderung abzustellen.[3] Zeitig bedeutet, sobald sich der AN behindert glaubt.

Für die Anzeige schreibt der § 6 Nr. 1 VOB/B die Schriftform vor. Die schriftliche Behinderungsanzeige dient im Wesentlichen zu Beweiszwecken des AN. Eine mündliche Mitteilung über die Behinderung ist nicht ohne weiteres wirkungslos, sollte aber wenn möglich vermieden werden. Die mündliche Behinderungsanzeige ist dann ausreichend, wenn sich aus ihr zweifelsfrei die Behinderungstatbestände ergeben. Der AN muss jedoch den Nachweis erbringen, dass er dem AG rechtzeitig und sachlich vollständig die Behinderung mitgeteilt hat. Zur Mitteilung an den AG kann auch das Bautagebuch genutzt werden, wenn dies dem AG rechtzeitig übermittelt wird.

Durch die Behinderungsanzeige muss der AG hinreichend Klarheit erhalten, dass die Behinderung oder die Unterbrechung die Folge des gegenwärtigen Zustandes sein wird. Der AN hat die Tatsachen und die offensichtlichen Gründe für die Behinderung dem AG im Detail darzulegen.[4] Eine einfache Mitteilung, dass eine Behinderung vorliegt, reicht für eine Berücksichtigung der Behinderung nicht aus. Eine Behinderungsanzeige hat nach der geltenden Rechtssprechung eine Informations-, Schutz- und Warnfunktion.

Die voraussichtliche Dauer der Behinderung sowie die genaue Höhe und der Umfang eines möglichen Schadensersatzes müssen nicht Inhalt einer solchen Anzeige sein.

---

[3] BGH, BauR 2000, 722
[4] BGH, BauR 1990, 210

Es genügt aber nicht, den AG zu informieren, dass beispielsweise noch Ausführungspläne fehlen. Der AN muss in diesem Fall auch dem AG die Auswirkungen darlegen, die eine Verzögerung der Planlieferung auf die Bauzeit hat. Er muss erläutern, ob und wann seine nach dem Bauablauf geplanten Arbeiten nicht oder nicht wie vorgesehen ausgeführt werden können.

Nach dem klaren Wortlaut des § 6 Nr. 1 VOB/B ist der AG ausschließlich der Adressat der Behinderungsanzeige. In Ausnahmefällen ist es aber auch denkbar, die Anzeige dem bauaufsichtsführenden Architekten oder Ingenieur zu übergeben, wenn dieser nicht für die Ursachen der Behinderung verantwortlich ist. Voraussetzung dafür ist eine ausdrückliche Bevollmächtigung eines Dritten durch den AG.

> ➢ In der Praxis sollte man allerdings immer den „sicheren Weg" gehen und dem AG immer die Behinderungsanzeige direkt zustellen.

Häufig liegt die Ursache einer Behinderung bei einem Erfüllungsgehilfen des Bauherrn, wie z.B. dem Architekten, von dem dann keine Objektivität erwartet werden kann.

Wenn eine Behinderung vom AG zu vertreten ist, entfällt oftmals die vereinbarte Vertragsstrafe. Allein schon aus diesem Grund sollte man eine Behinderungsanzeige stets nachweisbar dem AG übergeben, um später von den Zahlungsverpflichtungen der Vertragsstrafe befreit zu sein.

aa) Musterbrief: Behinderungsanzeige gemäß § 6 Nr. 1 VOB/B

Behinderungsanzeige gemäß § 6 Nr. 1 VOB/B

Sehr geehrte Damen und Herren,

hiermit zeigen wir an, dass wir in der ordnungsgemäßen Ausführung der von uns zu erbringenden Leistung aufgrund eines Umstandes i. S. des § 6 Nr. 2 VOB/B seit dem ....*(Datum)* behindert sind.

Die Behinderung wird aus folgenden Gründen verursacht:

Begründung:...................................
Behinderte Leistung:..............................

Wir bitten Sie bis zum ....*(Datum)* um schriftliche Mitteilung, welche Maßnahmen von Ihnen ergriffen werden, um die vorgenannte Behinderung zu beseitigen.

Sollten wir innerhalb der gesetzten Frist keine entsprechende Mitteilung von Ihnen erhalten haben oder sollte bis zum vorgenannten Zeitpunkt die Behinderung nicht behoben sein, müssen die Arbeiten spätestens am ....*(Datum)* eingestellt werden.

Wir weisen Sie in diesem Zusammenhang darauf hin, dass gemäß § 6 Nr. 2 VOB/B eine Verlängerung der Ausführungsfristen die Folge der vorbezeichneten Behinderung sein kann.

Rein vorsorglich setzen wir Sie davon in Kenntnis, dass wir den Anspruch auf Ersatz des entstehenden Schadens, einschließlich der Kosten aus der Bauzeitverlängerung, bei Ihnen geltend machen werden (§ 6 Nr. 6 VOB/B).

Nach Fortfall der Behinderung werden wir die Arbeiten unverzüglich wieder aufnehmen und Sie davon in Kenntnis setzen.

Mit freundlichen Grüßen

Ihr Vertragspartner

b) Offenkundigkeit der Behinderung

Unterlässt der Auftragnehmer die Behinderungsanzeige, hat er nur dann Anspruch auf Berücksichtigung der hindernden Umstände, wenn dem Auftraggeber offenkundig die Tatsachen und deren hindernde Wirkung bekannt waren. Ist dies nicht der Fall, hat der AN keinen Anspruch auf Fristverlängerung oder Schadensersatz aufgrund der hindernden Umstände. Die Beweislast der Offenkundigkeit hat der AN. In einer gerichtlichen Auseinandersetzung werden wegen des Ausnahmecharakters an den Tatbestand der Offenkundigkeit jedoch sehr hohe Anforderungen gestellt.

Von einer Offenkundigkeit kann nur gesprochen werden, wenn der AG über die behindernden Umstände informiert war und deren Auswirkungen auf den Baufortschritt im Sinne einer Behinderung klar erkennen konnte. Die Informationen über die hindernden Umstände könnte der AG beispielsweise durch eine Besichtigung der Baustelle oder durch Informationen von der Baustelle durch seinen Bauleiter erhalten haben. Für die Umstände der höheren Gewalt (z.B. Wetter, Streik) kann Funk und Fernsehen als Informationsquelle dienen.

Von einer Offenkundigkeit und dem Verzicht auf die schriftliche Ankündigung kann nicht ausgegangen werden, wenn es sich um im Baugeschehen durchaus übliche und kurze Behinderungen handelt. Gleiches gilt, wenn bei einem größeren Bauvorhaben nur einzelne Pläne nicht rechtzeitig übergeben werden.[5] Nur wenn die Informations-, Schutz- und Warnfunktion im Einzelfall keine Anzeige erfordert, ist die Behinderungsanzeige wegen Offenkundigkeit entbehrlich.[6]

Werden verbindliche Vertragsfristen vereinbart und fallen Mehrmengen und Nachtragsleistungen an, die keine erheblichen Veränderungen bei den Ausführungsfristen mit sich bringen, kann nicht automatisch von einer Anzeige abgesehen werden. Jede Behinderung ist anzeigepflichtig.

Nach der aktuellen Rechtsprechung ist es ausreichend, wenn der bauleitende Architekt des Bauherrn die Umstände der Behinderung und

---

[5] OLK Köln, BauR 1981, 472
[6] BGH, BauR 2000, 722

deren hindernde Wirkung kennt. Im Zweifel sollte man die Behinderung stets dem AG <u>und</u> dem Architekten mitteilen.

1.2. Tatbestände zur Verlängerung der Ausführungsfristen nach § 6 Nr. 2 VOB/B

§ 6 Nr. 2 VOB/B (Auszug aus der VOB 2002)

(1) Ausführungsfristen werden verlängert, soweit die Behinderung verursacht ist:

a) durch einen Umstand aus dem Risikobereich des Auftraggebers,

b) durch Streik oder von der Berufsvertretung der Arbeitgeber angeordnete Aussperrung im Betrieb des Auftragnehmers oder in einem unmittelbar für ihn arbeitenden Betrieb,

c) durch höhere Gewalt oder andere für den Auftragnehmer unabwendbare Umstände.

(2) Witterungseinflüsse während der Ausführungszeit, mit denen bei Abgabe des Angebots normalerweise gerechnet werden musste, gelten nicht als Behinderung.

Wenn die Anzeige der Behinderung erfolgt ist oder der Tatbestand der Offenkundigkeit vorliegt, kann nach § 6 Nr. 2 VOB/B eine Fristverlängerung erfolgen, wenn die Fristverlängerung ursächlich auf den nachfolgend erläuterten Tatbeständen beruht. Voraussetzung ist ebenfalls noch, dass die hindernden Umstände auch tatsächlich gegeben sind. In bestimmten Fällen kann der AN auch Schadensersatzansprüche gegen den AG geltend machen, die durch den § 6 Nr. 6 VOB/B geregelt werden.

Für die zum Zeitpunkt der Angebotsabgabe vorhersehbaren Witterungsverhältnisse enthält der § 6 Nr. 2 Abs. 2 VOB/B eine Regelung.

a) Umstände aus dem Risikobereich des Auftraggebers

Ergeben sich im Rahmen der Bauausführung Behinderungen, die vom AG zu vertreten sind, werden die Ausführungsfristen nach § 6 Nr. 2 Abs. 1 a verlängert. Dies geschieht beispielsweise, wenn der AG seine Mitwirkungspflichten verletzt. Es kommt nicht allein auf das Tun oder Unterlassen des AG selbst an. Ausreichend für die Anwendung des § 6 Nr. 2 Abs. 1 a VOB/B kann es schon sein, wenn eine den AG vertretende Person die Umstände zu vertreten hat. Dies trifft insbesondere Architekten und Ingenieure, die der AG mit Planungs- und Aufsichtsaufgaben betraut hat, vor allem, wenn von diesen ein verbindlicher Bauzeitenplan aufgestellt wurde.[7]

Entscheidend ist, dass es sich im Sinne der Verursachung um Umstände handeln muss, die ihren Ausgangspunkt indem dem AG zuzurechnenden Bereich haben.[8] Dies betrifft beispielsweise die Mitwirkungspflichten und das Verlangen von geänderten oder zusätzlichen Leistungen.[9]

<u>Beispielfall 31:</u>
Der AN erhält vom AG einen verbindlichen Bauzeitenplan, der zum Gegenstand des Vertrages wird. Der AG nennt dem AN jedoch neue Ausführungsfristen, weil die Vorgewerke nicht rechtzeitig fertig werden.

In diesem Fall liegt eine Behinderung aus dem Bereich des AG vor, die entsprechend den Regelungen des § 6 zu behandeln ist. Es muss ebenfalls noch geprüft werden, ob ein Mehrvergütungsanspruch auf der Grundlage des § 2 Nr. 5 VOB/B entsteht.

Mit der Neufassung der VOB/2000 wurde der ständigen Rechtsprechung des BGH Rechnung getragen und klargestellt, dass es nicht allein auf ein Verschulden des AG ankommt. Vielmehr muss die Behinderung aus einem Umstand aus der Risikosphäre des AG resultieren.

<u>Beispielfall 32:</u>
Der AG erlangt die Baugenehmigung nicht rechtzeitig. Der vertraglich vereinbarte Ausführungsbeginn verschiebt sich um zwei Wochen.

Die Einholung der öffentlich-rechtlichen Genehmigungen ist die Aufgabe des AG.[10] Die Erlangung der Baugenehmigung ist deshalb dem Risikobereich des AG zuzuordnen. Aus diesem Sachverhalt entsteht eine Behinderung nach § 6 VOB/B. Auch bei dem vorgenannten Beispielfall kann ebenfalls noch ein zusätzlicher Mehrvergütungsanspruch auf der Grundlage des § 2 Nr. 5 VOB/B entstehen.

Die Mitwirkungspflichten des AG werden u.a. in den §§ 3 und 4 VOB/B geregelt. Nach § 4 Nr. 1 VOB/B hat der AG auch das Zusammenwirken der

---

[7] OLG Düsseldorf, BauR 1997, 1041
[8] OLG Düsseldorf, BauR 1998, 340
[9] BGH, BauR 1990, 210
[10] § 4 Nr. 1 VOB/B

verschiedenen Unternehmen auf der Baustelle zu regeln. Es ist die Aufgabe des AG dafür zu sorgen, dass ein vorleistendes Unternehmen seine Leistung rechtzeitig und mangelfrei ausführt, so dass ein nachfolgendes Unternehmen ohne Bedenken und Behinderung auf dieser Leistung aufbauen kann.

Die vorleistenden Unternehmen sind rechtlich als Erfüllungsgehilfen des AG einzustufen. Die Vorleistung anderer Unternehmen führt im Bauablauf immer wieder zu Behinderungen. Gerade aus diesem Grund ist es im alltäglichen Baugeschehen wichtig, die Vertragsfristen möglichst einzuhalten und die Entstehung einer Behinderung mit den daraus resultierenden Konsequenzen zu verhindern.

Wird die Behinderung durch den AN verursacht, scheidet eine Verlängerung der Vertragsfristen nach § 6 Nr. 2 VOB/B aus. Liegt hingegen die Ursache einer Behinderung in der Sphäre von AN und AG, wird dies nicht durch die VOB geregelt. In diesem Fall ist in Anlehnung an den § 254 BGB eine Quotelung entsprechend dem jeweiligen Verschuldensanteil vorzunehmen. D.h. der Anteil an der Verzögerung, der dem AN zuzurechen ist, wird von der Gesamtverzögerung in Abzug gebracht.[11]

Kommt es zu einer Verlängerung der Ausführungsfristen, ohne dass dem AG ein Verschulden vorzuwerfen ist, ergibt sich daraus noch keine Schadensersatzpflicht des AG, weil nach § 6 Nr. 6 VOB/B ein Verschulden Anspruchsvoraussetzung ist.[12]

Zu den Umständen aus dem Risikobereich des AG können auch Leistungsmehrungen (§ 2 Nr. 3 VOB/B), sowie Änderungen des Bauentwurfs (§ 2 Nr. 5 VOB/B) oder zusätzliche Leistungen (§ 2 Nr. 6 VOB/B) zählen.

Treten im Laufe einer Baumaßnahme schwierigere als ursprünglich angenommene Baugrundverhältnisse auf, fällt dies ebenfalls in den Risikobereich des AG.

---

[11] BGH, BauR 1993, 600
[12] BGH, BauR 1990, 210

b) Streik und Aussperrung

Bei einer Behinderung durch Streik oder einer von der Berufsgruppe des Arbeitgebers angeordneten Aussperrung im Betrieb des AN können die Ausführungsfristen verlängert werden.

Unter <u>Streik</u> ist die gemeinsame und planmäßig durchgeführte Arbeitseinstellung einer größeren Zahl an Arbeitnehmern innerhalb eines Betriebes zu verstehen.[128]

Eine <u>Aussperrung</u> ist die planmäßige Ausschließung einer größeren Anzahl an Arbeitnehmern von der Arbeit, regelmäßig durch Gesamtlösung der Arbeitsverhältnisse, zur Erreichung eines Kampfzieles mit dem Willen der Wiedereinstellung nach Beendigung des Kampfes.[13]

In den Fällen von Streik und Aussperrung kann der AN nicht für die daraus resultierende Verzögerung verantwortlich gemacht werden. Entsteht ein Streik in einem unmittelbar für den AN arbeitenden Betrieb, kann ebenfalls nach § 6 Nr. 2 Abs. 1 b VOB/B eine Fristverlängerung erfolgen. Handelt es sich dabei um Zulieferbetriebe, ist eine Fristverlängerung nur dann akzeptabel, wenn die Stoffe nicht in wirtschaftlich vertretbarer Weise anderweitig beschafft werden können.

Die Aussperrung darf nur unter den Umständen zur Fristverlängerung führen, dass diese von der Berufsvertretung der Arbeitgeber angeordnet wurde. Das bedeutet, dass der Arbeitgeber eindeutig eine Aussperrung vornimmt mit dem Ziel der Vermeidung von streikbedingten Betriebsstörungen. Die Beweispflicht für eine Aussperrung liegt beim AN.

c) Höhere Gewalt oder andere unabwendbare Umstände für den Auftragnehmer

Ein Anspruch auf eine Fristverlängerung kann auch entstehen, wenn für die behindernden Umstände höhere Gewalt oder andere unabwendbare Umstände für den AN ursächlich sind.

Unter <u>höherer Gewalt</u> versteht man ein von außen auf den Betrieb einwirkendes außergewöhnliches Ereignis, das unvorhersehbar ist und selbst bei der Gefährdung des wirtschaftlichen Erfolges des Unternehmens

---

[13] Definition: Streik und Aussperrung, BAG 1, 291

nicht abgewendet werden kann.[14] Darunter fallen beispielsweise Erdbeben, Orkane und Überschwemmungen. Die Handlungen von dritten Personen, die den Bauablauf negativ beeinflussen, fallen ebenfalls unter den Begriff der höheren Gewalt. Derartige Handlungen können z.B. Brandstiftung oder mutwillige Sachbeschädigung sein.

Der § 6 Nr. 2 Abs. 1 c VOB/B umfasst ebenfalls noch die unabwendbaren Umstände. Ein <u>unabwendbares Ereignis</u> ist nach der Rechtssprechung ein Vorfall, der auch durch die äußerste, den Umständen nach mögliche Sorgfalt nicht abgewendet werden konnte.[15] Ein unabwendbarer Umstand kann entstehen, wenn beispielsweise eine gänzlich unvorhersehbare Materialknappheit entsteht, die auch nicht durch den Einkauf teurerer Materialien beseitigt werden kann.

In jedem Fall muss zweifelsfrei festgestellt werden, dass den AN kein Verschulden am Entstehen der höheren Gewalt oder der unabwendbaren Umstände trifft. Hat der AN keine Mitschuld am Entstehen der Behinderung, kann eine Fristverlängerung nach § 6 Nr. 2 VOB/B erfolgen.

d) Sonderregelung: Witterungseinflüsse

Treten im Laufe einer Baumaßnahme <u>außergewöhnliche Witterungsverhältnisse</u> auf, die eine Verlängerung der Fristen bewirken, fallen diese unter den Gesichtspunkt der höheren Gewalt oder der unabwendbaren Umstände. Wichtig ist jedoch, dass es sich um Witterungsverhältnisse handelt, die bei der Angebotsabgabe nicht vorhersehbar waren.

Alle anderen Witterungsverhältnisse, die bei Angebotsabgabe vorhersehbar waren, muss der AN in sein Angebot mit einkalkulieren, so dass der AN dann keinen Anspruch auf Fristverlängerung hat. Er kann sich nicht auf eine Behinderung gemäß § 6 VOB/B berufen. Bloße Schlechtwetterlagen oder eine lang anhaltende Regenperiode im Sommer reichen als Behinderungsgrund nicht aus.

Dagegen ist bei außergewöhnlich und unerwartet stark auftretenden Witterungseinflüssen eine Verlängerung der Ausführungsfristen denkbar.

---

[14] BGH, NJW-RR 1988, 986
[15] Definition unabwendbares Ereignis: S. 344, Baubetrieb von A-Z, Brüssel, 3. Auflage

Dies könnte z.B. der Fall sein, wenn im Winter eine lang anhaltende und ungewöhnlich starke Kältewelle auftritt. Die extremen und außergewöhnlichen Witterungsverhältnisse dürfen nicht zum Nachteil des AN führen. Die Anforderungen an das Berufen auf derartige Umstände sind jedoch sehr hoch.

e) Bauvertragsklauseln

Zu den Regelungen der Ausführungszeiten findet man in den Verträgen sehr häufig Klauseln, die dem AG eine verzugsfreie Ausführung seiner Baumaßnahme garantieren soll. Derartige Regelungen verstoßen jedoch gegen die Grundprinzipien des Werkvertragrechts und sind i.d.R. unwirksam. Behinderungen sowie zusätzliche oder geänderte Leistungen können stets zu einer Fristverlängerung führen.

<u>Beispielfall 33:</u>
In einem Bauvertrag ist die folgende Klausel zu finden:
„Eine Verlängerung der für die Leistung des AN vorgesehenen Ausführungszeit kommt unter keinen Umständen in Betracht."
Hier wird der AN in unangemessener Weise für Risiken aus der Auftraggebersphäre verantwortlich gemacht.[16]

Der Gestaltungsspielraum für wirksame Vertragsklauseln ist gerade bei der Behinderung sehr eng zu fassen. Der Eingriff in den Schadensersatz regelnden Bereich ist nur sehr begrenzt möglich, da diese Ansprüche auf wesentlichen Pflichten der Vertragspartner beruhen.

1.3. Pflichten des Auftragnehmers nach § 6 Nr. 3 VOB/B

<u>**§ 6 Nr. 3 VOB/B (Auszug aus der VOB 2002)**</u>
Der Auftragnehmer hat alles zu tun, was ihm billigerweise zugemutet werden kann, um die Weiterführung der Arbeiten zu ermöglichen. Sobald die hindernden Umstände wegfallen, hat er ohne weiteres und unverzüglich die Arbeiten wieder aufzunehmen und den Auftraggeber davon zu benachrichtigen.

---

[16] OLG Karlsruhe, Az: 3 U 57/92, ZDB - Verbandsklageregister Nr. 566

a) Handlungspflicht des Auftragnehmers während der Behinderung

Nach § 6 Nr. 3 Satz 1 VOB/B hat der Auftragnehmer im Falle einer Behinderung alles zu tun, um die Weiterführung der Arbeiten zu ermöglichen. Diese Verpflichtung ist eine vertragliche Nebenpflicht des AN. Sie dient zur Schadensminderung und ist vom AN sehr ernst zu nehmen, da seine Leistungspflicht trotz der Hinderung oder Unterbrechung andauert. Der AN hat alles ihm Mögliche zu tun, was ihm billigerweise zugemutet werden kann, um die Behinderung bzw. die Unterbrechung weitestgehend einzuschränken oder zu unterbinden. Auch wenn der AG die Behinderung zu verantworten hat, gilt diese Handlungspflicht.

Vom AN wird jede nur mögliche Anstrengung verlangt, die Behinderung zu beseitigen, um die Arbeiten ordnungsgemäß weiterführen zu können. Ist der AN verantwortlich für die Behinderung, so ist auch ein größerer Kostenaufwand im Zuge der Schadensminderungspflicht für den AN zumutbar.

Wesentlich geringer ist der Aufwand, den der AN betreiben muss, wenn der AG die hindernden Umstände zu vertreten hat. Inwieweit der AN handlungspflichtig ist, hängt von dem Ausmaß der Behinderung ab. Die Sicherung und Unterhaltung der Baustelle sowie die Beseitigung von Fehlern und Schäden ist immer die Pflicht des AN. Der AN hat sich darüber hinaus mit dem AG in Verbindung zu setzen, um eine Verständigung über die zu ergreifenden Maßnahmen zu versuchen. Verweigert der AG die Verhandlung über die Vergütung der notwendigen Maßnahmen, kann der AN die Leistung verweigern.

Sofern die Behinderung von keinem der Vertragspartner zu verantworten ist, hat der AN die Verpflichtung, im Rahmen seiner Möglichkeiten die Beseitigung der Behinderung zu fördern. Darunter fallen nur solche Leistungen, die keine zusätzlichen Kosten im eigenen Betrieb verursachen. Entzieht der AN sich jeglicher Handlungspflicht, ist er gegenüber dem AG aufgrund einer positiven Vertragsverletzung schadensersatzpflichtig.

b) Wegfall der Behinderung und unverzügliche Arbeitsaufnahme

Nach dem Wegfall des Hindernisses hat der AN ohne Weiteres und unverzüglich die Arbeiten wieder aufzunehmen. Das bedeutet, dass der AN ohne schuldhaftes Verzögern[17] mit den Arbeiten unverzüglich und ohne ausdrückliche Aufforderung des AG nach Ende der Behinderung beginnen muss. Auch wenn die Hindernisse nur teilweise beseitigt wurden, eine Erfüllung der Leistung aber möglich ist, muss der AN handeln.

> Die Wiederaufnahme der Arbeiten muss dem AG angezeigt werden. Eine Schriftform ist dabei nicht vorgeschrieben. Die Anzeige über die Wiederaufnahme sollte aber aus Beweisgründen immer schriftlich erfolgen.

Bei Verletzung der Wiederaufnahmepflicht vollzieht der AN ebenfalls eine positive Vertragsverletzung[18]. Er wird dann, wie auch bei der Unterlassung der Handlungspflicht, gegenüber dem AG schadensersatzpflichtig.

1.4. Verlängerung der Ausführungsfristen nach VOB/B   § 6 Nr. 4

> **§ 6 Nr. 4 VOB/B (Auszug aus der VOB 2002)**
> Die Fristverlängerung wird berechnet nach der Dauer der Behinderung mit einem Zuschlag für die Wiederaufnahme der Arbeiten und die etwaige Verschiebung in eine ungünstigere Jahreszeit.

a) Berechnung der Fristverlängerung

Geht man davon aus, dass dem AN eine Behinderung entstanden ist und der AN diese ordnungsgemäß angezeigt hat, stellt sich die Frage, wie die Verlängerung der Frist berechnet wird, die der AN aufgrund der Behinderung erhält. Die Berechnung der Fristverlängerung regelt der § 6 Nr. 4 VOB/B. Das wichtigste Kriterium ist dabei die Dauer der Behinderung. Dies gilt zunächst bei der Fristberechnung nach einer Unterbrechung der Bauausführung. Des Weiteren ist bei der Fristberechnung ein Zuschlag für

---

[17] § 121 BGB
[18] positive Vertragsverletzung (pVV) § 241 Abs. 2 BGB

die Wiederaufnahme der Arbeiten und ein Zuschlag für die Verschiebung in eine ungünstigere Jahreszeit hinzuzuzählen. Die genaue Berechnung bestimmt sich nach dem konkreten Einzelfall.[19]

Die Dauer der Behinderung lässt sich leicht feststellen. Sie ist der Zeitraum, in der aufgrund der Behinderung oder der Unterbrechung die ordnungsgemäße und ursprüngliche Leistungsdurchführung nicht möglich war. Es wird dann eine Zusatzfrist nach den Bestimmungen der §§ 186 ff BGB berechnet. Die Zusatzfrist wird dann zu den ursprünglichen Ausführungsfristen hinzugezählt.

Für die Wiederaufnahme der Arbeiten wird ein Zuschlag berechnet. Dieser ist notwendig, da der erforderliche volle Wiederbetrieb einer Baustelle einen gewissen Vorlauf benötigt, der nicht zur Ausführungszeit hinzugezählt werden kann. Diese Umstände müssen nach dem Grundsatz von Treu und Glauben bei der neuen Fristberechnung berücksichtigt werden. Die Ermittlung des notwendigen Zuschlags richtet sich nach den Erfordernissen des Einzelfalls.

Fällt die durch die Behinderung oder Unterbrechung veränderte Bauzeit in eine ungünstigere Jahreszeit, kann ebenfalls ein Zuschlag zu der neuen Ausführungsfrist angerechnet werden. Es muss sich dabei um eine Jahreszeit handeln, die bei der ursprünglich vereinbarten Bauzeit nicht vorgesehen war. Die Jahreszeit muss witterungsbedingt ungünstiger sein, damit der AN einen Zuschlag zur neuen Ausführungsfrist erhält. Die Dauer der Fristverlängerung infolge der ungünstigeren Jahreszeit hängt ebenfalls von den objektiv zu bewertenden Erfordernissen des Einzelfalls ab.

b) Vereinbarung der Fristverlängerung

Die Berechnung der Fristverlängerung hat durch den AN zu erfolgen. Er muss dem AG die für die Berechnung wesentlichen Gesichtspunkte mitteilen, um das neue Fristende verbindlich bestimmen zu können. Die Vereinbarung einer neuen Vertragsfrist ist nur direkt mit dem AG möglich, da es sich um einen Eingriff in den Bauvertrag handelt. Der Architekt des AG ist nicht befugt, neue Vertragsfristen mit dem AN zu vereinbaren.

---

[19] OLG Düsseldorf, BauR 1988, 487

Kommt keine Einigung über eine neue Vertragsfrist zustande, kann diese durch einen Dritten bestimmt werden.[20] Die Berechnung der Frist hat dann nach den Grundsätzen des § 6 Nr. 4 VOB/B zu erfolgen.

1.5 Schadensersatz nach § 6 Nr. 6 VOB/B

§ 6 Nr. 6 VOB/B (Auszug aus der VOB 2002)

Sind die hindernden Umstände von einem Vertragsteil zu vertreten, so hat der andere Teil Anspruch auf Ersatz des nachweislich entstandenen Schadens, des entgangenen Gewinns aber nur bei Vorsatz oder grober Fahrlässigkeit.

a) Grundsätzliches zum § 6 Nr. 6 VOB/B

Neben der Fristverlängerung nach § 6 Nr. 4 VOB/B kann ein Vertragspartner in einigen Fällen auch Schadensersatz verlangen. Der Schadensersatzanspruch, der sich aus dem § 6 Nr. 6 VOB/B ergibt, beschränkt sich dabei nicht nur auf die Rechte aus dem § 6 VOB/B. Für den Fall der Aufrechterhaltung des Bauvertrages erhält der § 6 Nr. 6 VOB/B eine eigenständige Bedeutung, innerhalb der die Ausführungsfristen und die Folgen einer Verzögerung der Ausführung insgesamt regelnden §§ 5 und 6 VOB/B[21], sowie teilweise dann, wenn dem AN der Auftrag nach § 8 Nr. 3 Abs. 1 VOB/B entzogen wird.[22]

Der § 6 Nr. 6 VOB/B erfüllt somit eine Doppelfunktion. Der im § 6 Nr. 6 geregelte Schadensersatzanspruch umfasst in Bezug auf den § 6 die Behinderungen sowie die Unterbrechungen. Mit der Vereinbarung der VOB/B ist der gesetzliche Entschädigungsanspruch, der sich aus dem § 642 BGB ergibt, nicht anwendbar.[23]

Der Schaden hat in diesem Zusammenhang nichts mit den Mehraufwendungen zu tun, die aufgrund der Behinderung entstehen. Mehraufwendungen, die ursächlich auf eine Behinderung zurückzuführen sind, müssen auf der Grundlage der §§ 2 Nr. 5 oder Nr. 6 VOB/B geltend gemacht und abgerechnet werden. Der § 6 Nr. 6 VOB/B umfasst nur den

---

[20] §§ 317 ff. BGB
[21] BGHZ, 48, 78
[22] BGHZ, 62, 90, 92
[23] Döring in Ingenstau/Korbion

„reinen Schaden", nicht aber die durch die Behinderung entstandenen zusätzlichen oder geänderten Leistungen.

Kommt es im Rahmen des Bauvertrages zu Änderungsanordnungen gemäß § 1 Nr. 3 VOB/B oder zu der Anordnung zusätzlicher Leistungen nach § 1 Nr. 4 VOB/B, besteht neben dem Anspruch auf Anpassung der Vergütung gemäß § 2 Nr. 5 und Nr. 6 VOB/B u.U. auch ein Anspruch auf Schadensersatz nach § 6 Nr. 6 VOB/B.[24]

Ein Schadensersatzanspruch nach § 6 Nr. 6 VOB/B kann aber nur verlangt werden, wenn mehrere Voraussetzungen erfüllt sind:

> Dem Anspruch auf Schadensersatz nach § 6 Nr. 6 VOB/B muss eine Behinderungsanzeige nach § 6 Nr. 1 VOB/B vorausgegangen sein.

> Es muss sich um wirklich hindernde Umstände handeln, die eine ordnungsgemäße Vertragserfüllung behindern.

> Ein Schadensersatzanspruch nach § 6 Nr. 6 VOB/B setzt stets ein Verschulden eines Vertragspartners voraus.

Der Schadensersatzanspruch nach § 6 Nr. 6 beinhaltet den nachweislich entstandenen Schaden, sowie bei Vorsatz oder grober Fahrlässigkeit den entgangenen Gewinn. Ein Ausschluss des entgangenen Gewinns mit Hilfe einer Bauvertragsklausel ist nach den Bestimmungen des § 307 BGB[25] unwirksam. Auch sind solche Klauseln unwirksam, die den Schadensersatzanspruch einengen oder vermindern.

Haftungsgrundlagen zur Anwendung des § 6 Nr. 6 VOB/B können z.B. aus dem § 5 Nr. 2 (Verletzung der Abrufpflicht), dem § 5 Nr. 4 (Verzug des AN) sowie den Bestimmungen des § 6 Nr. 2 Abs. 1 a (Risikobereich des AG) entstehen. Eine weitere Haftungsgrundlage kann eine positive Vertragsverletzung[26], ein Schuldnerverzug (Leistungspflicht des AN) oder ein Gläubigerverzug (Mitwirkungspflichten des AG) bilden.

---

[24] BGH, BauR 2001, 409
[25] ehemals § 9 AGB - Gesetz
[26] positive Vertragsverletzung (pVV) § 241 Abs. 3 BGB

Die Schadensersatzansprüche nach § 6 Nr. 6 VOB/B verjähren nach 2 bzw. 4 Jahren. Die Verjährung beginnt mit dem Ende des Jahres, in dem die Schlussrechnung gestellt wurde.

Die Abgrenzung des Schadensersatzes aus § 6 Nr. 6 VOB/B zu den Vergütungsansprüchen gemäß § 2 Nr. 5 und Nr. 6 VOB/B ist umstritten. Die Rechtssprechung nimmt eine Anspruchskonkurrenz an, sodass der AN je nach Vorliegen der Voraussetzungen seinen Anspruch entweder auf Vergütung oder auf Schadensersatz stützen kann.[27] Die Abgrenzung ist aber deswegen noch von Bedeutung, weil der Anspruch auf Mehrvergütung gem. § 2 VOB/B ein Verschulden des AG nicht voraussetzt.

b) Voraussetzung für den Schadensersatzanspruch

Die Grundvoraussetzung zur Erlangung von Schadensersatzansprüchen nach § 6 Nr. 6 ist, dass die hindernden Umstände *von einem Vertragspartner* zu vertreten sind. Der Vertragspartner muss für das „eigene Verschulden" und auch für das Verschulden eines Erfüllungsgehilfen einstehen. Zu den Erfüllungsgehilfen zählen Architekten, Ingenieure oder sonstige Fachleute, die dem AG bei der Erfüllung des Vertragsverhältnisses gegenüber dem AN behilflich sind.

Beispielfall 34:
Der Architekt des AG verzögert die Lieferung der Ausführungspläne um mehr als 10 Tage. Daraus resultiert eine Behinderung des AN in der Erfüllung seiner vertraglichen Pflichten.

Die Behinderung des AN ist durch den AG zu vertreten. Der Architekt ist sein Erfüllungsgehilfe. Somit handelt es sich um ein Verschulden eines Erfüllungsgehilfen des AG. Eine Fristverlängerung sowie ein Schadensersatzanspruch nach § 6 VOB/B wären in diesem Fall gerechtfertigt. Auch kann ein Mehrvergütungsanspruch auf der Grundlage des § 2 Nr. 5 VOB/B bei diesem Sachverhalt entstehen.

Zu den Erfüllungsgehilfen des AG zählen auch andere Unternehmer, die im Auftrag des AG tätig sind. Der AN hat aber im Falle der Behinderung durch einen anderen Nachunternehmer des AG nur ein Anrecht auf eine Fristverlängerung. Ein Schadensersatzanspruch nach § 6 Nr. 6 entsteht dabei für den AN nicht. Anders ist es der Fall, wenn der AG ausdrücklich

---

[27] BGH, NJW 1968, 1234

Koordinationspflichten übernimmt. Der AG haftet dann auch mit Schadensersatz, wenn ein Nachunternehmer des AG eine Behinderung zu vertreten hat.

Grundvoraussetzung zur Erlangung eines Schadensersatzanspruches nach § 6 Nr. 6 VOB/B ist ebenfalls noch, dass tatsächlich <u>hindernde Umstände</u> vorliegen. Die hindernden Umstände umfassen alle Störungen, die auf eine Baumaßnahme hindernd einwirken. Es ist nicht erforderlich, dass es zu einer Unterbrechung kommt. Bereits eine Behinderung kann den Schadensersatzanspruch auslösen.

Die <u>Anzeigepflicht</u> nach § 6 Nr. 1 VOB/B muss erfüllt sein. D.h. einem Schadensersatzanspruch auf den Grundlagen von § 6 muss zwingend immer eine Behinderungsanzeige vorausgehen. Gleiches gilt bei einem Schadensersatzanspruch, der sich auf eine Behinderung des AN, verursacht durch die Verletzung der Mitwirkungspflichten des AG, beruft.

Wird ein Leistungsverzug des AN nach § 5 Nr. 4 VOB/B Grundlage des Schadensersatzanspruchs, müssen die Voraussetzungen des § 6 Nr. 1 nicht vorliegen.[28]

c) Bestimmung des Schadensersatzes

Ein Schaden ist ein Nachteil, den jemand durch ein bestimmtes Ereignis an seinem Vermögen oder an seinen sonst rechtlich geschützten Gütern erleidet. Der Schaden bezieht sich nicht auf den entgangenen Gewinn. Ein Schaden kann beispielsweise eine „wirkliche" Beschädigung an einem Bauwerk sein. Es werden vom § 6 Nr. 6 VOB/B auch Schäden erfasst, die sich auf das Vermögen des Geschädigten auswirken. Kann beispielsweise der AN einen Anschlussauftrag aufgrund der Behinderung nicht rechtzeitig beginnen und fallen dadurch Kosten an, die ursächlich auf die Behinderung zurückzuführen sind, entsteht ein Schadensersatzanspruch nach § 6 Nr. 6.

<u>Beispielfall 35:</u>
Die Erstellung eines Rohbaus verzögert sich. Für die Behinderung ist der AG verantwortlich. Der Bauunternehmer kann aufgrund der Verzögerung nicht rechtzeitig auf einer anderen Baustelle mit einem Anschlussauftrag

---

[28] OLG Celle, BauR 1995, 552

beginnen. Der AG des Anschlussauftrages entzieht dem Bauunternehmer daraufhin den Auftrag.

Der AG, der die Behinderung zur Fertigstellung des Rohbaus zu vertreten hat, muss für den entstandenen Schaden aufkommen, der dem Bauunternehmer aufgrund der Kündigung des Anschlussauftrages entsteht.

Im vorgenannten Fall kann der AN den entgangenen Gewinn nur dann fordern, wenn dem AG Vorsatz oder grobe Fahrlässigkeit vorgeworfen werden kann. Mehraufwendungen, die dem AN durch die Verzögerung der Ausführung entstehen, können nicht auf der Grundlage des § 6 Nr. 6 vergütet werden. Hierfür kann der AN keinen Schadensersatz verlangen, sondern er muss eine Mehrvergütung auf der Grundlage der §§ 2 Nr. 5 oder Nr. 6 VOB/B verlangen.

Der Schaden bestimmt sich nach den Grundsätzen des allgemeinen Zivilrechts.[29] Der § 6 Nr. 6 VOB/B sieht vor, dass der nachweislich entstandene Schaden zu ersetzen ist. Der entgangene Gewinn wird aber nur bei Vorsatz oder grober Fahrlässigkeit gewährt. Der Schaden muss ursächlich auf die entstandene Behinderung zurückzuführen sein, damit ein Anspruch nach § 6 Nr. 6 gewährt werden kann.

Entstehen bei der Verzugfeststellung Gutachterkosten, sind diese ebenfalls als „Schaden" zu werten und entsprechend auf der Grundlage des § 6 Nr. 6 abzurechnen. Bei einer Behinderung kann der AN alle finanziell bewertbaren, sonst nicht eingetretenen Verluste im Rahmen seines Gewerbebetriebes geltend machen. Dazu zählen beispielsweise nicht mehr vermeidbare Vorhaltekosten, Kosten für das Personal, sofern es nicht anderweitig eingesetzt werden kann, sowie die Kosten für die Überwachung und die Unterhaltung der Baustelle. Auch zwischenzeitlich eingetretene Materialpreiserhöhungen sind vergütungspflichtig.[30]

Entsteht durch den AN eine Behinderung, so kann der AG alle durch die Verzögerung entstandenen Mehrkosten als Schaden betrachten. Insbesondere sind hier die Mietkosten für eine Ersatzwohnung während der Verzugsdauer zu nennen. Nutzungsverluste, insbesondere Mietausfälle, sind entgangener Gewinn und können grundsätzlich nicht geltend gemacht

---

[29] §§ 249 ff BGB
[30] OLG Düsseldorf, BauR 1996, 865

werden.[31] Die Mehrkosten für den Architekten, die dem AG beim schuldhaften Verzögern des AN entstehen, können ebenfalls als Schaden gewertet werden und sind dementsprechend nach § 6 Nr. 6 VOB/B vergütungspflichtig.

Zu den durch die Behinderung entstandenen Mehrkosten zählt auch die Vertragsstrafe, die der Hauptunternehmer an den Kunden wegen Verzögerung seines Subunternehmers zahlen muss.[32] Hat ein Generalunternehmer an seinen AG eine Vertragsstrafe zu zahlen, so kann er seine Nachunternehmer nach § 6 Nr. 6 VOB/B in Anspruch nehmen, sofern die Verzögerung auf deren schuldhafte Verletzung der Vertragspflichten zurückzuführen ist.[33] Der AG muss den Nachunternehmer in jedem Fall über das hohe Risiko der Höhe der Vertragsstrafe im Verhältnis zu seinem Werklohn informieren.[34]

Entgangener Gewinn kann nur bei Vorsatz oder grober Fahrlässigkeit gewährt werden. Entgangener Gewinn ist der Gewinn, den der AN bei ordnungsgemäßer Fertigstellung erzielt hätte. In Bezug auf den AG ist der entgangene Gewinn der vermögensgemäße Überschuss, den der AG bei rechtzeitiger Fertigstellung durch die vorgesehene Nutzung erzielt hätte.

Ein <u>Vorsatz</u> ist dann gegeben, wenn der gesetzliche Haftungstatbestand (z.B. Behinderung) bewusst verwirklicht wird und diese Tatbestandsverwirklichung gewollt ist, wobei sich der Handelnde der Rechtswidrigkeit seines Tun und Handelns bewusst sein muss.[35] Ein Vorsatz ist beispielsweise gegeben, wenn der AG die Ausführungspläne bewusst zurückhält und ihm klar ist, dass durch sein Zurückhalten dem AN eine Behinderung und dadurch ein Schaden entstehen.

<u>Fahrlässig</u> handelt, wer die im Verkehr erforderliche Sorgfalt außer Acht lässt.[36] Zur verkehrserforderlichen Sorgfalt gehört beispielsweise die Einhaltung der Unfallverhütungsvorschriften, aber auch die Einhaltung der DIN – Normen für bestimmte Bauleistungen. Von Bedeutung ist dann noch die Unterscheidung in leichte und grobe Fahrlässigkeit.

---

[31] BGH, BauR, 1970, 54, 55
[32] BGH, NJW 1998, 1493, 1494
[33] BGH, BauR 1998, 330
[34] § 254 Abs. 2 BGB
[35] Münch-Komm/Hanau, § 276 Rdn. 49 ff
[36] § 276 Abs. 2 BGB

Diese Unterscheidung spielt im § 6 Nr. 6 eine Rolle, da nur der entgangene Gewinn bei grober Fahrlässigkeit zu erstatten ist. <u>Grob fahrlässig</u> handelt derjenige, der die erforderliche Sorgfalt in ungewöhnlich hohem Maße verletzt und dasjenige unbeachtet lässt, was jedem hätte einleuchten müssen.[37] Grobe Fahrlässigkeit liegt z.B. dann vor, wenn der AN notwendigste Sicherungsmaßnahmen auf der Baustelle außer Acht lässt.

1.6 Rechte bei längerer Unterbrechung nach VOB/B und § 6 Nr. 7 VOB/B   § 6 Nr. 5

> **§ 6 Nr. 5 VOB/B (Auszug aus der VOB 2002)**
>
> Wird die Ausführung für voraussichtlich längere Dauer unterbrochen, ohne dass die Leistung dauernd unmöglich wird, so sind die ausgeführten Leistungen nach den Vertragspreisen abzurechnen und außerdem die Kosten zu vergüten, die dem Auftragnehmer bereits entstanden und in den Vertragspreisen des nicht ausgeführten Teils der Leistung enthalten sind.

> **§ 6 Nr. 7 VOB/B (Auszug aus der VOB 2002)**
>
> Dauert eine Unterbrechung länger als 3 Monate, so kann jeder Teil nach Ablauf dieser Zeit den Vertrag schriftlich kündigen. Die Abrechnung regelt sich nach den Nummern 5 und 6; wenn der Auftragnehmer die Unterbrechung nicht zu vertreten hat, sind auch die Kosten der Baustellenräumung zu vergüten, soweit sie nicht in der Vergütung für die bereits ausgeführten Leistungen enthalten sind.

a) Vorläufige Abrechnung bei einer Unterbrechung von längerer Dauer (§ 6 Nr. 5 VOB/B)

Dem AN entsteht ein Abrechnungsanspruch, wenn die Ausführung seiner Leistung für voraussichtlich längere Zeit unterbrochen wird. Eine dauernde Unmöglichkeit der Ausführung muss dabei nicht gegeben sein. Die Unterbrechung einer Leistung setzt voraus, dass die Leistungsausführung aufgrund einer Behinderung zum Stillstand gekommen ist. Beim Wegfall der Behinderung müssen die Arbeiten wieder aufgenommen werden.

---

[37] BGHZ 10, 14, 16

Den Zeitraum der „längeren Dauer" einer Unterbrechung ist auf den Einzelfall abzustellen und nach den Grundsätzen von Treu und Glauben[38] zu berechnen. In jedem Fall kann als Obergrenze die „Drei-Monats-Frist" aus dem § 6 Nr. 7 VOB/B angenommen werden. Der AN kann also nach maximal 3 Monaten nach einer Unterbrechung der Ausführung eine Abrechnung der bisher geleisteten Arbeiten nach den Vertragspreisen vom AG fordern. Der AN erhält auch die Kosten erstattet, die ihm bereits angefallen sind, kalkulatorisch aber in den Kosten der noch nicht ausgeführten Leistung stecken.

Führen die hindernden Umstände zu einer dauerhaften Unmöglichkeit der Leistungsausführung, darf der § 6 Nr. 5 VOB/B nicht angewendet werden. Dies gilt ebenfalls, sollten die hindernden Umstände vom AN zu vertreten sein bzw. die Arbeiten unberechtigterweise vom AN eingestellt worden sein. Trotz der Unterbrechung und der Abrechnung bleibt das Vertragsverhältnis weiter bestehen. Der § 6 Nr. 5 bewirkt nicht die Kündigung einzelner Vertragsteile. Es handelt sich lediglich um eine vorläufige Abrechnung der erbrachten Leistung.

Die Abrechnung der ausgeführten Leistung sowie der weiteren Kosten erfolgt nach den Vertragspreisen. Dazu ist ein gemeinsames Aufmaß notwendig, um den genauen Leistungsstand festzustellen. Bei einem Pauschalvertrag muss die Teilleistung in Bezug zur Gesamtleistung gesetzt und entsprechend abgerechnet werden.[39] Die „weiteren Kosten" ergeben sich aus den tatsächlich angefallenen Kosten der noch nicht ausgeführten Leistung. Dazu zählen beispielsweise die Kosten der Baustelleneinrichtung, die trotz der Unterbrechung weiter anfallen.

b) Vorzeitige Vertragskündigung bei einer länger als drei Monate dauernden Unterbrechung (§ 6 Nr. 7 VOB/B)

Der § 6 Nr. 7 VOB/B räumt dem AN das Recht ein, nach einer länger anhaltenden Unterbrechung von mehr als 3 Monaten den Vertrag zu kündigen. Die Leistung ist dann nach den Grundsätzen der §§ 6 Nr. 5 und Nr. 6 VOB/B abzurechnen. Die Regelung des § 6 Nr. 7 VOB/B kann auch dann eintreten, wenn drei Monate nach dem vertraglichen Baubeginn

---

[38] § 242 BGB
[39] BGH, BauR 1980, 356, 357

immer noch nicht mit den Arbeiten begonnen wurde und dies <u>nicht</u> ursächlich auf den AN zurückzuführen ist.[40]

Steht hingegen das Ende der Unterbrechung und der Beginn der Arbeiten „in Kürze" schon fest, kann der Vertrag nicht auf der Basis des § 6 Nr. 7 gekündigt werden.

Das Kündigungsrecht kann auf einen Teil der Leistung begrenzt werden, wenn die behinderte Leistung abgrenzbar vom restlichen Vertragsinhalt ist. Die Kündigung der Leistung muss nach den Wortlauten des § 6 Nr. 7 VOB/B schriftlich erfolgen.

Die Abrechnung der Leistung ist, im Gegensatz zu der vorläufigen Abrechnung nach § 6 Nr. 5 VOB/B, endgültig. Es müssen neben den Kosten für die bisher ausgeführte Leistung und den weiteren Kosten auch die aus dem § 6 Nr. 6 resultierenden Kosten des Schadensersatzes abgerechnet werden.

Die Kosten der Baustellenräumung können ebenfalls berechnet werden, wenn nicht der AN die Unterbrechung zu vertreten hat bzw. die Kosten schon in der Abrechnungssumme der ausgeführten Leistung enthalten sind.

---

[40] OLG Düsseldorf, NJW 1995, 3323

Literaturverzeichnis (inklusive weiterführender Literatur)

(1)   BAURECHT: Zeitschrift für das gesamte öffentliche und private Baurecht, 1970 ff, Werner Verlag

(2)   BECK'SCHE TEXTAUSGABE: BGB 2002, 3. Auflage, Verlag C.H. Beck

(3)   BIERMANN: Der Bauleiter im Bauunternehmen, 2. Auflage, Verlag Rudolf Müller

(4)   BIRKE-RAUCH: Baurecht für Bauleiter, Praxis Check, Weka Verlag

(5)   BRÜSSEL: Baubetrieb von A bis Z, 3. Auflage, Werner Verlag

(6)   CREIFELDS: Rechtswörterbuch, 15. Auflage, Verlag C.H. Beck

(7)   DIN - DEUTSCHES INSTITUT FÜR NORMUNG: VOB Vergabe- und Vertragsordnung für Bauleistungen, Ausgabe 2002, Beuth Verlag

(8)   ESCHENBRUCH: Recht der Projektsteuerung, Werner Verlag

(9)   FRANKE/KEMPER/ZANNER/GRÜNHAGEN: VOB Kommentar, 1. Auflage, Werner Verlag

(10) GLATZEL/HOFMANN/FRIKELL: Unwirksame Bauvertragsklauseln nach dem AGB – Gesetz, 9. Auflage, Verlag Ernst Vögel

(11) GRALLA: Garantierter Maximalpreis, 1. Auflage, Verlag B.G. Teubner

(12) HELLER: Nachtragsmanagement: Sicherung der Nachtragsvergütung nach VOB und BGB, Zeittechnik – Verlag GmbH

(13) HERIG: VOB Teile A B C Baupraxis kompakt, 1. Auflage, Werner Verlag

(14) HOFMANN/FRIKELL: Nachträge am Bau, 3. Auflage, VOB-Verlag Ernst Vögel

(15) INGENSTAU/KORBIN: VOB Teil A und B Kommentar, 14. Auflage, Werner Verlag

(16) KAPELLMANN/LANGEN: Einführung in die VOB/B – Basiswissen für die Praxis, 11. Auflage, Werner Verlag

(17) KAPELLMANN/SCHIFFERS: Vergütung, Nachträge und Behinderungsfolgen beim Bauvertrag, Band 1 – Einheitspreisvertrag, 4. Auflage, Werner Verlag

(18) KAPELLMANN/SCHIFFERS: Vergütung, Nachträge und Behinderungsfolgen beim Bauvertrag, Band 2 – Pauschalvertrag einschließlich Schlüsselfertigbau, 3. Auflage, Werner Verlag

(19) KOSANKE: Der Schadensnachweis nach § 6 Nr. 6 VOB/B aus baubetrieblicher Sicht, TU - Berlin

(20) LEINEMANN: Die Bezahlung der Bauleistung, 2. Auflage, Carl Heymanns Verlag

(21) NAGEL: Zahlungsforderungen sichern und durchsetzen, 1. Auflage, Bauwerk Verlag

(22) NICKLISCH/WEICK: VOB Teil B Kommentar, 3. Auflage, Verlag C.H. Beck

(23) SCHERER: Nachtragsmanagement 2, Zeittechnik – Verlag GmbH

(24) PLUM: Sachgerechter und prozessorientierter Nachweis von Behinderungen und Behinderungsfolgen beim VOB – Vertrag, 1. Auflage, Werner Verlag

(25) STEIGER: Neuerungen in der VOB/B 2002 – Vergütung und Nachträge, Seminarunterlage zum Baurechtsseminar am 25. April 2003, Referent Rechtsanwalt Thomas Steiger, Staufen

(26) STOHLMANN: Die 20 „Todsünden" bei der Abwicklung von Bauverträgen, 5. erweiterte Auflage, Verlaganstalt Handwerk GmbH

(27) VYGEN: Bauvertragsrecht nach VOB, 3. Auflage, Werner Verlag

(28) VYGEN: Rechte und Pflichten der Bauleiter – Nachtragangebote, Seminarunterlage zum Baurechtseminar am 19.04.2002, Referent Prof. Dr. jur. Klaus Vygen

(29) WERNER/PASTOR: Der Bauprozess, 7. Auflage, Werner Verlag

(30) WERNER/PASTOR/MÜLLER: Baurecht von A-Z, 6. Auflage, Verlag Rudolf Müller

(31) WIRTH: Handbuch zur Vertragsgestaltung, Vertragsabwicklung und Prozessführung im privaten und öffentlichen Baurecht, Werner Verlag

(32) WIRTH: Tagungshandbuch Kalksandstein-Vortragsreihe 2003, Schuldrechtsreform 2002 und VOB 2002, Verein Süddeutscher Kalksandsteinwerke e.V.

Auszüge aus dem Bürgerlichen Gesetzbuch (BGB)

Willenserklärung

§ 119 Anfechtbarkeit wegen Irrtums

(1) Wer bei der Abgabe einer Willenserklärung über deren Inhalt im Irrtum war oder eine Erklärung dieses Inhalts überhaupt nicht abgeben wollte, kann die Erklärung anfechten, wenn anzunehmen ist, dass er sie bei Kenntnis der Sachlage und bei verständiger Würdigung des Falles nicht abgegeben haben würde.

(2) Als Irrtum über den Inhalt der Erklärung gilt auch der Irrtum über solche Eigenschaften der Person oder der Sache, die im Verkehr als wesentlich angesehen werden.

§ 121 Anfechtungsfrist

(1) Die Anfechtung muss in den Fällen der §§ 119, 120 ohne schuldhaftes Zögern (unverzüglich) erfolgen, nachdem der Anfechtungsberechtigte von dem Anfechtungsgrund Kenntnis erlangt hat. Die einem Abwesenden gegenüber erfolgte Anfechtung gilt als rechtzeitig erfolgt, wenn die Anfechtungserklärung unverzüglich abgesendet worden ist.

(2) Die Anfechtung ist ausgeschlossen, wenn seit der Abgabe der Willenserklärung zehn Jahre verstrichen sind.

§ 138 Sittenwidriges Rechtsgeschäft; Wucher

(1) Ein Rechtsgeschäft, das gegen die guten Sitten verstößt, ist nichtig.

(2) Nichtig ist insbesondere ein Rechtsgeschäft, durch das jemand unter Ausbeutung der Zwangslage, der Unerfahrenheit, des Mangels an Urteilsvermögen oder der erheblichen Willensschwäche eines anderen sich oder einem Dritten für eine Leistung Vermögensvorteile versprechen oder gewähren lässt, die in einem auffälligen Missverhältnis zu der Leistung stehen.

Vertretung und Vollmacht

§ 177 Vertragsschluss durch Vertreter ohne Vertretungsmacht

(1) Schließt jemand ohne Vertretungsmacht im Namen eines anderen einen Vertrag, so hängt die Wirksamkeit des Vertrags für und gegen den Vertretenen von dessen Genehmigung ab.

(2) Fordert der andere Teil den Vertretenen zur Erklärung über die Genehmigung auf, so kann die Erklärung nur ihm gegenüber erfolgen; eine vor der Aufforderung dem Vertreter gegenüber erklärte Genehmigung oder Verweigerung der Genehmigung wird unwirksam. Die Genehmigung kann nur bis zum Ablauf von zwei Wochen nach dem Empfang der Aufforderung erklärt werden; wird sie nicht erklärt, so gilt sie als verweigert.

§ 179 Haftung des Vertreters ohne Vertretungsmacht

(1) Wer als Vertreter einen Vertrag geschlossen hat, ist, sofern er nicht seine Vertretungsmacht nachweist, dem anderen Teil nach dessen Wahl zur Erfüllung oder zum Schadensersatz verpflichtet, wenn der Vertretene die Genehmigung des Vertrags verweigert.

(2) Hat der Vertreter den Mangel der Vertretungsmacht nicht gekannt, so ist er nur zum Ersatz desjenigen Schadens verpflichtet, welchen der andere Teil dadurch erleidet, dass er auf die

Vertretungsmacht vertraut, jedoch nicht über den Betrag des Interesses hinaus, welches der andere Teil an der Wirksamkeit des Vertrags hat.

(3) Der Vertreter haftet nicht, wenn der andere Teil den Mangel der Vertretungsmacht kannte oder kennen musste. Der Vertreter haftet auch dann nicht, wenn er in der Geschäftsfähigkeit beschränkt war, es sei denn, dass er mit Zustimmung seines gesetzlichen Vertreters gehandelt hat.

Fristen, Termine

§ 187 Fristbeginn

1) Ist für den Anfang einer Frist ein Ereignis oder ein in den Lauf eines Tages fallender Zeitpunkt maßgebend, so wird bei der Berechnung der Frist der Tag nicht mitgerechnet, in welchen das Ereignis oder der Zeitpunkt fällt.

(2) Ist der Beginn eines Tages der für den Anfang einer Frist maßgebende Zeitpunkt, so wird dieser Tag bei der Berechnung der Frist mitgerechnet. Das Gleiche gilt von dem Tag der Geburt bei der Berechnung des Lebensalters.

§ 188 Fristende

(1) Eine nach Tagen bestimmte Frist endigt mit dem Ablauf des letzten Tages der Frist.

(2) Eine Frist, die nach Wochen, nach Monaten oder nach einem mehrere Monate umfassenden Zeitraum - Jahr, halbes Jahr, Vierteljahr - bestimmt ist, endigt im Falle des § 187 Abs. 1 mit dem Ablauf desjenigen Tages der letzten Woche oder des letzten Monats, welcher durch seine Benennung oder seine Zahl dem Tag entspricht, in den das Ereignis oder der Zeitpunkt fällt, im Falle des § 187 Abs. 2 mit dem Ablauf desjenigen Tages der letzten Woche oder des letzten Monats, welcher dem Tage vorhergeht, der durch seine Benennung oder seine Zahl dem Anfangstag der Frist entspricht.

(3) Fehlt bei einer nach Monaten bestimmten Frist in dem letzten Monat der für ihren Ablauf maßgebende Tag, so endigt die Frist mit dem Ablauf des letzten Tages dieses Monats.

Verpflichtung zur Leistung

§ 241 Pflichten aus dem Schuldverhältnis

(1) Kraft des Schuldverhältnisses ist der Gläubiger berechtigt, von dem Schuldner eine Leistung zu fordern. Die Leistung kann auch in einem Unterlassen bestehen.

(2) Das Schuldverhältnis kann nach seinem Inhalt jeden Teil zur Rücksicht auf die Rechte, Rechtsgüter und Interessen des anderen Teils verpflichten.

§ 242 Leistung nach Treu und Glauben

Der Schuldner ist verpflichtet, die Leistung so zu bewirken, wie Treu und Glauben mit Rücksicht auf die Verkehrssitte es erfordern.

§ 249 Art und Umfang des Schadensersatzes

(1) Wer zum Schadensersatz verpflichtet ist, hat den Zustand herzustellen, der bestehen würde, wenn der zum Ersatz verpflichtende Umstand nicht eingetreten wäre.

(2) Ist wegen Verletzung einer Person oder wegen Beschädigung einer Sache Schadensersatz zu leisten, so kann der Gläubiger statt der Herstellung den dazu erforderlichen Geldbetrag verlangen. Bei der Beschädigung einer Sache schließt der nach Satz 1 erforderliche Geldbetrag die Umsatzsteuer nur mit ein, wenn und soweit sie tatsächlich angefallen ist.

§ 254 Mitverschulden

(1) Hat bei der Entstehung des Schadens ein Verschulden des Beschädigten mitgewirkt, so hängt die Verpflichtung zum Ersatz sowie der Umfang des zu leistenden Ersatzes von den Umständen, insbesondere davon ab, inwieweit der Schaden vorwiegend von dem einen oder dem anderen Teil verursacht worden ist.

(2) Dies gilt auch dann, wenn sich das Verschulden des Beschädigten darauf beschränkt, dass er unterlassen hat, den Schuldner auf die Gefahr eines ungewöhnlich hohen Schadens aufmerksam zu machen, die der Schuldner weder kannte noch kennen musste, oder dass er unterlassen hat, den Schaden abzuwenden oder zu mindern. Die Vorschrift des § 278 findet entsprechende Anwendung.

§ 276 Verantwortlichkeit des Schuldners

(1) Der Schuldner hat Vorsatz und Fahrlässigkeit zu vertreten, wenn eine strengere oder mildere Haftung weder bestimmt noch aus dem sonstigen Inhalt des Schuldverhältnisses, insbesondere aus der Übernahme einer Garantie oder eines Beschaffungsrisikos zu entnehmen ist. Die Vorschriften der §§ 827 und 828 finden entsprechende Anwendung.

(2) Fahrlässig handelt, wer die im Verkehr erforderliche Sorgfalt außer Acht lässt.

(3) Die Haftung wegen Vorsatzes kann dem Schuldner nicht im Voraus erlassen werden.

Gestaltung rechtsgeschäftlicher Schuldverhältnisse durch Allgemeine Geschäftsbedingungen

§ 305 Einbeziehung Allgemeiner Geschäftsbedingungen in den Vertrag

(1) Allgemeine Geschäftsbedingungen sind alle für eine Vielzahl von Verträgen vorformulierten Vertragsbedingungen, die eine Vertragspartei (Verwender) der anderen Vertragspartei bei Abschluss eines Vertrags stellt. Gleichgültig ist, ob die Bestimmungen einen äußerlich gesonderten Bestandteil des Vertrags bilden oder in die Vertragsurkunde selbst aufgenommen werden, welchen Umfang sie haben, in welcher Schriftart sie verfasst sind und welche Form der Vertrag hat. Allgemeine Geschäftsbedingungen liegen nicht vor, soweit die Vertragsbedingungen zwischen den Vertragsparteien im Einzelnen ausgehandelt sind.

(2) Allgemeine Geschäftsbedingungen werden nur dann Bestandteil eines Vertrags, wenn der Verwender bei Vertragsschluss

1. die andere Vertragspartei ausdrücklich oder, wenn ein ausdrücklicher Hinweis wegen der Art des Vertragsschlusses nur unter unverhältnismäßigen Schwierigkeiten möglich ist, durch deutlich sichtbaren Aushang am Ort des Vertragsschlusses auf sie hinweist und

2. der anderen Vertragspartei die Möglichkeit verschafft, in zumutbarer Weise, die auch eine für den Verwender erkennbare körperliche Behinderung der anderen Vertragspartei angemessen berücksichtigt, von ihrem Inhalt Kenntnis zu nehmen,

und wenn die andere Vertragspartei mit ihrer Geltung einverstanden ist.

(3) Die Vertragsparteien können für eine bestimmte Art von Rechtsgeschäften die Geltung bestimmter Allgemeiner Geschäftsbedingungen unter Beachtung der in Absatz 2 bezeichneten Erfordernisse im Voraus vereinbaren.

§ 306 Rechtsfolge bei Nichteinbeziehung und Unwirksamkeit

(1) Sind Allgemeine Geschäftsbedingungen ganz oder teilweise nicht Vertragsbestandteil geworden oder unwirksam, so bleibt der Vertrag im Übrigen wirksam.

(2) Soweit die Bestimmungen nicht Vertragsbestandteil geworden oder unwirksam sind, richtet sich der Inhalt des Vertrags nach den gesetzlichen Vorschriften.

(3) Der Vertrag ist unwirksam, wenn das Festhalten an ihm auch unter Berücksichtigung der nach Absatz 2 vorgesehenen Änderung eine unzumutbare Härte für eine Vertragspartei darstellen würde.

§ 307 Abs. 1 und 2 Inhaltskontrolle

(1) Bestimmungen in Allgemeinen Geschäftsbedingungen sind unwirksam, wenn sie den Vertragspartner des Verwenders entgegen den Geboten von Treu und Glauben unangemessen benachteiligen. Eine unangemessene Benachteiligung kann sich auch daraus ergeben, dass die Bestimmung nicht klar und verständlich ist.

(2) Eine unangemessene Benachteiligung ist im Zweifel anzunehmen, wenn eine Bestimmung

1. mit wesentlichen Grundgedanken der gesetzlichen Regelung, von der abgewichen wird, nicht zu vereinbaren ist oder

2. wesentliche Rechte oder Pflichten, die sich aus der Natur des Vertrags ergeben, so einschränkt, dass die Erreichung des Vertragszwecks gefährdet ist.

Schuldverhältnisse aus Verträgen

§ 311 Abs. 2 Rechtsgeschäftliche und rechtsgeschäftsähnliche Schuldverhältnisse

(2) Ein Schuldverhältnis mit Pflichten nach § 241 Abs. 2 entsteht auch durch

1. die Aufnahme von Vertragsverhandlungen,
2. die Anbahnung eines Vertrags, bei welcher der eine Teil im Hinblick auf eine etwaige rechtsgeschäftliche Beziehung dem anderen Teil die Möglichkeit zur Einwirkung auf seine Rechte, Rechtsgüter und Interessen gewährt oder ihm diese anvertraut, oder
3. ähnliche geschäftliche Kontakte.

Werkvertrag und ähnliche Verträge

§ 631 Vertragstypische Pflichten beim Werkvertrag

(1) Durch den Werkvertrag wird der Unternehmer zur Herstellung des versprochenen Werkes, der Besteller zur Entrichtung der vereinbarten Vergütung verpflichtet.

(2) Gegenstand des Werkvertrags kann sowohl die Herstellung oder Veränderung einer Sache als auch ein anderer durch Arbeit oder Dienstleistung herbeizuführender Erfolg sein.

§ 632 Vergütung

(1) Eine Vergütung gilt als stillschweigend vereinbart, wenn die Herstellung des Werkes den Umständen nach nur gegen eine Vergütung zu erwarten ist.

(2) Ist die Höhe der Vergütung nicht bestimmt, so ist bei dem Bestehen einer Taxe die taxmäßige Vergütung, in Ermangelung einer Taxe die übliche Vergütung als vereinbart anzusehen.

(3) Ein Kostenanschlag ist im Zweifel nicht zu vergüten.

§ 635 Nacherfüllung

(1) Verlangt der Besteller Nacherfüllung, so kann der Unternehmer nach seiner Wahl den Mangel beseitigen oder ein neues Werk herstellen.

(2) Der Unternehmer hat die zum Zwecke der Nacherfüllung erforderlichen Aufwendungen, insbesondere Transport-Wege-, Arbeits- und Materialkosten zu tragen.

(3) Der Unternehmer kann die Nacherfüllung unbeschadet des § 275 Abs. 2 und 3 verweigern, wenn sie nur mit unverhältnismäßigen Kosten möglich ist.

(4) Stellt der Unternehmer ein neues Werk her, so kann er vom Besteller Rückgewähr des mangelhaften Werks nach Maßgabe der §§ 346 bis 348 verlangen.

§ 641 Fälligkeit der Vergütung

(1) Die Vergütung ist bei der Abnahme des Werkes zu entrichten. Ist das Werk in Teilen abzunehmen und die Vergütung für die einzelnen Teile bestimmt, so ist die Vergütung für jeden Teil bei dessen Abnahme zu entrichten.

(2) Die Vergütung des Unternehmers für ein Werk, dessen Herstellung der Besteller einem Dritten versprochen hat, wird spätestens fällig, wenn und soweit der Besteller von dem Dritten für das versprochene Werk wegen dessen Herstellung seine Vergütung oder Teile davon erhalten hat. Hat der Besteller dem Dritten wegen möglicher Mängel des Werkes Sicherheit geleistet, gilt dies nur, wenn der Unternehmer dem Besteller Sicherheit in entsprechender Höhe leistet.

(3) Kann der Besteller die Beseitigung eines Mangels verlangen, so kann er nach der Abnahme die Zahlung eines angemessenen Teils der Vergütung verweigern, mindestens in Höhe des Dreifachen der für die Beseitigung des Mangels erforderlichen Kosten.

(4) Eine in Geld festgesetzte Vergütung hat der Besteller von der Abnahme des Werkes an zu verzinsen, sofern nicht die Vergütung gestundet ist.

§ 642 Mitwirkung des Bestellers

(1) Ist bei der Herstellung des Werkes eine Handlung des Bestellers erforderlich, so kann der Unternehmer, wenn der Besteller durch das Unterlassen der Handlung in Verzug der Annahme kommt, eine angemessene Entschädigung verlangen.

(2) Die Höhe der Entschädigung bestimmt sich einerseits nach der Dauer des Verzugs und der Höhe der vereinbarten Vergütung, andererseits nach demjenigen, was der Unternehmer infolge des Verzugs an Aufwendungen erspart oder durch anderweitige Verwendung seiner Arbeitskraft erwerben kann.

§649 Kündigungsrecht des Bestellers

Der Besteller kann bis zur Vollendung des Werkes jederzeit den Vertrag kündigen. Kündigt der Besteller, so ist der Unternehmer berechtigt, die vereinbarte Vergütung zu verlangen; er muss sich jedoch dasjenige anrechnen lassen, was er infolge der Aufhebung des Vertrags an Aufwendungen erspart oder durch anderweitige Verwendung seiner Arbeitskraft erwirbt oder zu erwerben böswillig unterlässt.

<u>Geschäftsführung ohne Auftrag</u>

§ 677 Pflichten des Geschäftsführers

Wer ein Geschäft für einen anderen besorgt, ohne von ihm beauftragt oder ihm gegenüber sonst dazu berechtigt zu sein, hat das Geschäft so zu führen, wie das Interesse des Geschäftsherrn mit Rücksicht auf dessen wirklichen oder mutmaßlichen Willen es erfordert.

§ 678 Geschäftsführung gegen den Willen des Geschäftsherrn

Steht die Übernahme der Geschäftsführung mit dem wirklichen oder dem mutmaßlichen Willen des Geschäftsherrn in Widerspruch und musste der Geschäftsführer dies erkennen, so ist er dem Geschäftsherrn zum Ersatz des aus der Geschäftsführung entstehenden Schadens auch dann verpflichtet, wenn ihm ein sonstiges Verschulden nicht zur Last fällt.

§ 680 Geschäftsführung zur Gefahrenabwehr

Bezweckt die Geschäftsführung die Abwendung einer dem Geschäftsherrn drohenden dringenden Gefahr, so hat der Geschäftsführer nur Vorsatz und grobe Fahrlässigkeit zu vertreten.

§ 681 Nebenpflichten des Geschäftsführers

Der Geschäftsführer hat die Übernahme der Geschäftsführung, sobald es tunlich ist, dem Geschäftsherrn anzuzeigen und, wenn nicht mit dem Aufschub Gefahr verbunden ist, dessen Entschließung abzuwarten. Im Übrigen finden auf die Verpflichtungen des Geschäftsführers die für einen Beauftragten geltenden Vorschriften der §§ 666 bis 668 entsprechende Anwendung.

§ 683 Ersatz von Aufwendungen

Entspricht die Übernahme der Geschäftsführung dem Interesse und dem wirklichen oder dem mutmaßlichen Willen des Geschäftsherrn, so kann der Geschäftsführer wie ein Beauftragter Ersatz seiner Aufwendungen verlangen. In den Fällen des § 679 steht dieser Anspruch dem Geschäftsführer zu, auch wenn die Übernahme der Geschäftsführung mit dem Willen des Geschäftsherrn in Widerspruch steht.

Mehr zu diesem Thema finden Sie in „Nachtragsmanagement: Vergütung, Nachträge und Behinderungen nach VOB" von Dennis Bausch. ISBN: 978-3-640-22941-3
http://www.grin.com/de/e-book/119585/